Wilfred Kojo Kokonu

Aplicação foliar de fósforo, enxofre & micronutrientes de zinco &

Wilfred Kojo Kokonu

Aplicação foliar de fósforo, enxofre & micronutrientes de zinco &

Ferro no crescimento e rendimento do arroz (Oryza sativa l.) em regime de sequeiro e irrigação na ecologia da savana da Guiné no Gana

ScienciaScripts

Cover image: www.ingimage.com

This book is a translation from the original published under ISBN 978-620-7-84279-7.

Publisher:
Sciencia Scripts
is a trademark of
Dodo Books Indian Ocean Ltd. and OmniScriptum S.R.L publishing group

120 High Road, East Finchley, London, N2 9ED, United Kingdom
Str. Armeneasca 28/1, office 1, Chisinau MD-2012, Republic of Moldova, Europe
Printed at: see last page
ISBN: 978-620-8-24698-3

RESUMO

O arroz (*Oryza sativa* L.) é uma cultura de cereais amplamente cultivada em ambientes variados. É cultivado pelos seus grãos de alta qualidade, ricos em hidratos de carbono. A produção de arroz empregou mais de 20 milhões de agricultores africanos, e estima-se que o arroz seja o sustento de cerca de 100 milhões de pessoas. Foi realizada uma experiência de campo em dois locais durante a época agrícola de 2020, para examinar as respostas relativas do arroz ao P do solo e ao P foliar, e se a aplicação foliar de P poderia compensar uma taxa mais baixa de P aplicada no solo. Além disso, se as aplicações foliares de Zn, Fe e S poderiam aumentar a produção de grãos de arroz. O estudo foi uma experiência fatorial 2 x 8 (local por nutriente com oito tratamentos), com um desenho de blocos completos aleatórios com três repetições. Os locais foram Nyankpala e Bontanga, em condições de sequeiro e de irrigação, respetivamente. As formulações de nutrientes incluíram: NPK_1 , NPK_1 +Zn+S+Fe, NPK_1 +Zn+Fe, NPK_1 +Zn, NPK_2 , NPK_2 +P+Zn+S+Fe, NPK_2 +P+Zn+Fe e NPK_2 +P+Zn (onde NPK_1 significa NPK_1 a 1000g/parcela e NPK_2 significa NPK a 500g/parcela). A variedade de arroz AGRA, que tem um período de maturação de 125 a 130 dias, foi testada em condições de cultivo de arroz de planície irrigado e de sequeiro. Alguns dos parâmetros medidos incluem altura da planta, dias até 50% de floração, número de perfilhos por colina, peso da panícula, peso da palha de arroz, área foliar, valores SPAD, peso de 1000 grãos, biomassa de rebentos secos e rendimento de grãos de arroz. Os resultados mostraram que o P foliar teve um melhor desempenho nas respostas de crescimento e rendimento em comparação com o P aplicado no solo, enquanto a ecologia de irrigação geralmente melhorou os parâmetros mais do que a ecologia de sequeiro. O rendimento do arroz aumentou com a aplicação foliar de S e dos micronutrientes, Zn e Fe; enquanto a aplicação foliar de P compensou a aplicação mais baixa de P no solo. O rendimento dos grãos foi melhorado por combinações de micro e macronutrientes. No geral, as respostas mais elevadas na produção de arroz foram melhor apoiadas por quatro tratamentos: NPK_2 +P+Zn, NPK_1 +Zn+S+Fe, NPK_1 +Zn, e NPK_1 +Zn+Fe. Como tal, os agricultores de ambas as ecologias poderiam melhorar a produção de arroz com a inclusão da aplicação foliar de Zn, S e Fe no seu programa de fertilização, de modo a maximizar o rendimento dos grãos.

Palavras chave: Arroz, crescimento, produtividade, fósforo foliar, enxofre, ferro, zinco, sequeiro e irrigação

Antecedentes

O arroz (*Oryza sativa* L.) é um alimento básico para a grande maioria da população mundial. É, no entanto, um pobre fornecedor de certos nutrientes minerais que os seres humanos necessitam, particularmente Fe e Zn (Yuan et al., 2013). O arroz é um dos cereais mais importantes do mundo, e pode ser cultivado em vários ambientes, incluindo terras baixas, irrigadas e terras altas. O arroz é cultivado pelos seus grãos de alta qualidade, que são ricos em hidratos de carbono (Djomo et al., 2017). De acordo com os relatórios, o Gana importa quase metade das suas necessidades de arroz todos os anos, e estão a ser feitas tentativas para expandir a produção de arroz através da introdução de tecnologias que aumentam o rendimento e a produtividade do arroz, reduzindo assim a importação de arroz. O arroz foi geneticamente melhorado através da utilização de tipos híbridos. No entanto, os actuais tipos consanguíneos semi-anões ultrapassam o patamar de rendimento (Ofori et al., 2020). A produção de arroz deu emprego a mais de 20 milhões de agricultores africanos e estima-se que o arroz seja o sustento de cerca de 100 milhões de pessoas. Mais de 3 mil milhões de pessoas utilizam o arroz como a sua principal fonte de calorias nutricionais (Dauda, 2015). É maioritariamente cultivado por agricultores em pequenas parcelas de terra com menos de um hectare e é uma fonte fundamental de alimentos para a população rural (Ref). O arroz é amplamente considerado como a cultura mais versátil e diversificada do planeta. Desde 1973, o consumo de arroz na África Ocidental tem vindo a aumentar gradualmente a um ritmo de 6% ao ano. Como resultado, o continente consome atualmente muito mais arroz do que produz, necessitando de importações maciças (Dauda,

2015). O arroz ultrapassou o milho como segundo alimento básico mais importante do Gana, e o seu consumo continua a aumentar à medida que a população do país, a urbanização e os hábitos de consumo mudam (Ref). As flutuações anuais da produção são principalmente atribuíveis a alterações na área (ha) plantada com arroz e não a variações de rendimento (t/ha) (MOFA, 2009).

A fertilização do solo, as pulverizações foliares e o tratamento de sementes são as três técnicas mais frequentes para fornecer micronutrientes às culturas, mas a fertirrigação também é uma opção. Cada método tem a capacidade de alterar a nutrição em micronutrientes das plantas, quer diretamente na planta tratada, quer indiretamente nas plantas descendentes, devido ao enriquecimento das sementes gerado pelo tratamento com micronutrientes dos progenitores. As pulverizações de micronutrientes aplicadas nas folhas têm sido bem sucedidas na consecução de ambos os objectivos. Consequentemente, o tratamento de sementes com micronutrientes pode ser uma forma simples e económica de melhorar a nutrição das plantas com micronutrientes (Johnson et al., 2005). A carência de micronutrientes impossibilita que as plantas beneficiem plenamente do tratamento com fertilizantes NPK. A deficiência de micronutrientes afecta a saúde humana, a situação económica dos agricultores e o ambiente em 50% dos solos do mundo e em muitas culturas, reduzindo a quantidade e a qualidade dos alimentos disponíveis (Siddika et al., 2016). Este estudo procura saber se a aplicação de S e de dois micronutrientes Zn e Fe aumentará os componentes de rendimento e o rendimento do arroz. O estudo também procura saber se os três nutrientes compensarão o rendimento se a taxa de P for reduzida.

MÉTODO E MATERIAIS

Descrição das regiões de estudo

Na Região Norte do Gana, a área de estudo incluiu investigação nas instalações da Universidade de Estudos para o Desenvolvimento (UDS) no Distrito de Tolon e investigação nas explorações agrícolas no Esquema de Irrigação de Botanga no Distrito de Kumbungu. Nyankpala situa-se no distrito de Tolon, na região norte do Gana, 20 quilómetros a sudoeste de Tamale. Nyankpala situa-se a uma altura de 183 metros acima do nível do mar e está localizada na latitude 09° 25'N e longitude 00° 58'W. (SARI, 2013). O distrito de Tolon cobre uma área total de 2.741 km^2 . Nyankpala faz fronteira a norte com Kumbungu, a oeste com o distrito de North Gonja, a sul com o distrito de Central Gonja e a leste com o município de Sagnerigu (Martey et al., 2013).

O Sistema de Irrigação de Botanga, gerido pela GIDA, é o maior sistema de irrigação da Região Norte. Está situado a 34 quilómetros a noroeste de Tamale, a capital regional, em Botanga, distrito de Kumbungu. Situa-se entre N 9°30' e W 1°04' de latitude e longitude. O Governo do Gana iniciou a construção do sistema em 1980 e terminou-a em 1986. Foi construído com o objetivo de proporcionar uma produção agrícola durante todo o ano aos agricultores da região de captação e, ao mesmo tempo, criar emprego para os jovens da zona. Em 1985 e 1986, foram efectuadas culturas de ensaio, tendo a produção agrícola plena começado em 1987. Tem uma área irrigável de 800 hectares e uma área urbanizada de 495 hectares. Na área irrigável, o tipo de solo mais comum é o franco-arenoso. A barragem foi construída no rio Botanga, um afluente do rio Volta Branco. O projeto consiste numa barragem de terra que alimenta o campo com água por gravidade, bem como em duas (2) tomadas de água e um vertedouro, que controla o nível máximo de água da albufeira. A principal cultura cultivada é o arroz (*Oryza sativa*), enquanto as culturas secundárias incluem a cebola (*Allium cepa*), o tomate (Lycopersicon esculentum), o quiabo (*Hibiscus esculentus*) e o pimento (*Capsicum frutescens*) (Tendeku et al., 2017).

Conceção experimental e tratamento

O estudo de campo foi uma experiência fatorial 2 x 8, desenhada num esquema de blocos completos aleatórios (RCBD) com três repetições. As duas localizações foram Nyankpala e Botanga, com ecologias de planície de sequeiro e de irrigação, enquanto as oito formulações de nutrientes eram as indicadas no Quadro 1. Foram criados corredores de 1 m e 2 m, respetivamente, entre as parcelas de tratamento e os blocos adjacentes. Cada parcela media 5 m x 5 m e um total de 24 parcelas foram semeadas por local. A cultivar AGRA foi a cultura de ensaio, que tem um período de maturação de 125 a 130 dias.

Este ensaio foi realizado durante a época de cultivo de 2020. O fertilizante NPK foi aplicado em duas taxas de 120-40-40 e 120-20-40 kg N, P O_{25} e K_2 O/ha. Aos 14 dias após o transplante, foi aplicada uma aplicação basal de 80-40-40 ou 80-20-40 kg de N, P O_{25} e K_2 O/ha, e 40 kg de N/ha foram aplicados em cobertura antes da floração. O P, Zn, S e Fe foliares foram aplicados em torno de 90% da cobertura do solo no 4WAT.

Tabela 1. Nutrientes formulados a partir de várias combinações de NPK, P, S, Zn, Fe, utilizando o modelo de adição.

Onde NPK1 significa NPK a 1000g/parcela e NPK2 significa NPK a 500g/parcela

Treatment	Basal application			Top dressing			
	Soil applied			Foliar applied			
	N	P	K	TSP	Zn ($ZnSO_4$)	Fe ($FeSO_4$)	S (KSO_4)
NPK_1	120	40	40	0	0	0	0
NPK_1+[Zn+S+Fe]	120	40	40	0	2.5	5	10
NPK_1+[Zn+Fe]	120	40	40	0	2.5	5	0
NPK_1+[Zn]	120	40	40	0	2.5	0	0
NPK_2	120	20	40	0	0	0	0
NPK_2+[P+Zn+S+Fe]	120	20	40	10	2.5	5	10
NPK_2+[P+Zn+Fe]	120	20	40	10	2.5	5	0
NPK_2+[P+Zn]	120	20	40	10	2.5	0	0

Preparação do terreno e plantação

Os locais experimentais foram todos lavrados e as áreas de ensaio foram marcadas. A área foi então dividida em três (3) repetições, cada uma com oito (8) parcelas medindo 5m x 5m e passagens de 1m e 2m entre parcelas e repetições, respetivamente. Após quatro (4) semanas, as sementes de arroz Agra certificadas pela SARI foram cultivadas e implantadas. Uma (1) plântula por colina foi transplantada manualmente com um espaçamento de 20cm x 20cm.

Práticas culturais

Em cada repetição, os tratamentos foram atribuídos às parcelas ao acaso. Para as parcelas que receberam fertilizantes através da aplicação no solo utilizando a técnica de adubação lateral para a adubação de base e de cobertura em ambos os locais experimentais, o investigador aplicou fertilizantes num sulco pouco profundo ao longo dos lados das linhas de culturas. Estas aplicações foram efectuadas duas (2) e quatro (4) semanas após a transplantação, respetivamente. Um pulverizador de dorso foi utilizado para aplicar fertilizantes foliares quatro (4) semanas após a transplantação. As combinações de fertilizantes foliares foram criadas utilizando água mineral e detergente. As ervas daninhas nos campos foram controladas com os herbicidas Degan e Bisung duas (2) e quatro (4) semanas após a transplantação, respetivamente.

Resultados

Altura da planta

Os resultados da análise de variância mostraram que a localização por nutriente foi significativa às 2, 4 e 6 semanas após o transplante (WAT) a ($P<0,01$), ($P<0,01$) e ($P<0,05$) respetivamente, mas não às 8 WAT ($P>0,05$). A altura das plantas aos 2, 4 e 6 DAT também foi significativamente afetada pela localização e pelos nutrientes. Aos 8 DAT, a localização afectou significativamente a altura das plantas ($P<0,001$), enquanto que os nutrientes não afectaram ($P>0,05$). Aos 6 WAT, a localização por nutriente mostrou que NPK1+Zn suportou a maior altura de planta de 68,38 cm em Nyankpala sob condições de sequeiro, embora este valor fosse semelhante ao mais alto (67,60 cm) obtido em Botanga sob irrigação com NPK1+Zn+S+Fe (Figura 1). No entanto, em Nyankpala, em condições de sequeiro, foi obtida uma altura de planta semelhante com NPK1+Zn+S+Fe, NPK1+Zn+Fe, NPK1, e NPK2+P+Zn, enquanto que NPK2 deu o menor valor com 55,93 cm. Em seguida, em Botanga, a localização por nutriente aos 6 WAT, sob irrigação, revelou que o nutriente que deu altura de planta semelhante à mais alta foi NPK1+Zn+Fe, enquanto NPK2+P+Zn+S+Fe suportou a menor com 56,66 cm. Aos 8 WAT, a localização revelou que a Botanga, sob irrigação, teve um melhor desempenho com uma altura de planta de 104,56 cm em comparação com a Nyankpala, sob sequeiro, com uma altura de 91,94 cm (Figura 2).

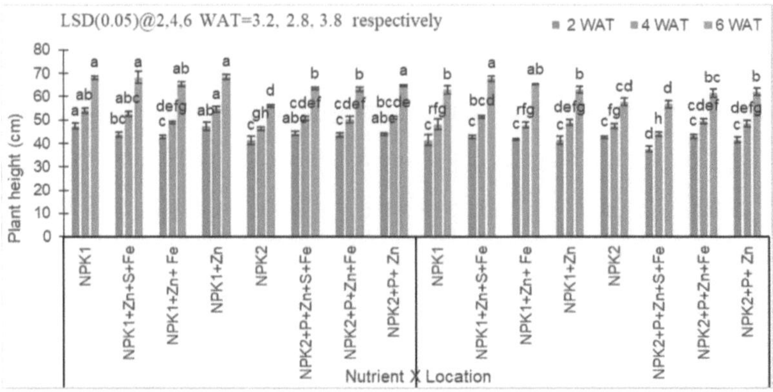

Figura 1. Localização por efeito de nutriente na altura da planta sob sequeiro (Nyankpala) e irrigação (Botanga). As barras com letras diferentes são significativamente diferentes a (P<0,05) pelo teste de diferença mínima de significância. As barras de erro representam o erro padrão das médias SEM.

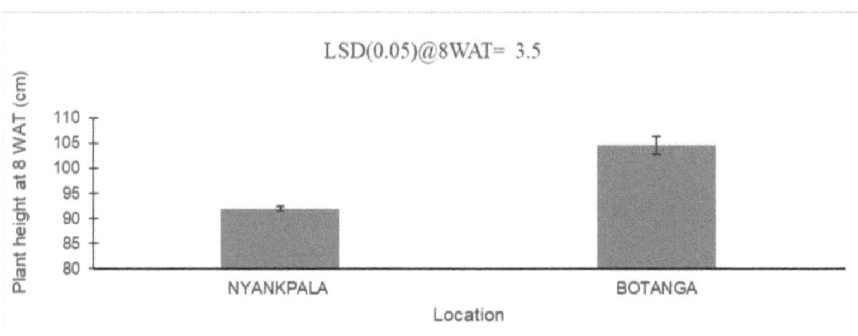

Figura 2. Altura das plantas de arroz afetada pelas condições de localização (sequeiro (Nyankpala) e irrigação (Botanga)) às 8 WAT. As barras de erro representam SEM.

Contagem de lavradores

No 2 WAT, a localização por nutriente (P>0,05) não teve efeito na contagem de perfilhos. Entretanto, a localização e o nutriente influenciaram a contagem de perfilhos (P<0,001). Tanto sob irrigação como sob sequeiro, NPK1 aos 2 WAT registou a maior contagem de perfilhos de 8,50 perfilhos por colina, enquanto NPK2+P+Zn+S+Fe registou a menor com 5,97 perfilhos por colina (Figura 3). Mas a localização revelou que Nyankpala sob chuva deu maior contagem de perfilhos com 7,37 por colina comparada com Botanga sob irrigação com uma contagem de perfilhos de 6,40 perfilhos por colina (Figura 4). Aos 4 WAT, os nutrientes por local (P>0.05) não mostraram efeito na contagem de perfilhos. Mas a localização (P<0,05) e o nutriente (P<0,001) tiveram efeito. Sob ambas as condições de irrigação e chuva, NPK1 em 4 WAT registrou a maior contagem de perfilhos de 15.17 perfilhos por colina, mas NPK1+Zn+Fe, NPK1+Zn+S+Fe e NPK1+Zn deram contagem de perfilhos similar enquanto NPK2+P+Zn+S+Fe registrou a menor (Figura 3). Aos 4 WAT, a localização revelou que Nyankpala sob sequeiro deu maior contagem de perfilhos com 13,26 por colina em comparação com Botanga sob irrigação com uma contagem de perfilhos de 12,28 perfilhos por colina (Figura 4).

Em seguida, aos 6 WAT, a localização por efeito de nutrientes (P>0,05) não influenciou a contagem de perfilhos. Por outro lado, a localização (P<0,05) e o nutriente (P<0,001) influenciaram a contagem de perfilhos. Aos 6 WAT, NPK1+Zn registou a maior contagem de perfilhos de 21,60 perfilhos/colina mas NPK1+Zn+S+Fe, NPK1 e

NPK1+Zn+Fe deram uma contagem semelhante por colina enquanto NPK2+P+Zn +Fe registou a menor (Figura 3). Aos 6 WAT, a localização revelou que Nyankpala, em regime de sequeiro, suportou uma maior contagem de perfilhos, com uma contagem de perfilhos de 19,40 por colina, em comparação com Botanga, em regime de irrigação, com uma contagem de perfilhos de 18,42 perfilhos por colina (Figura 4).

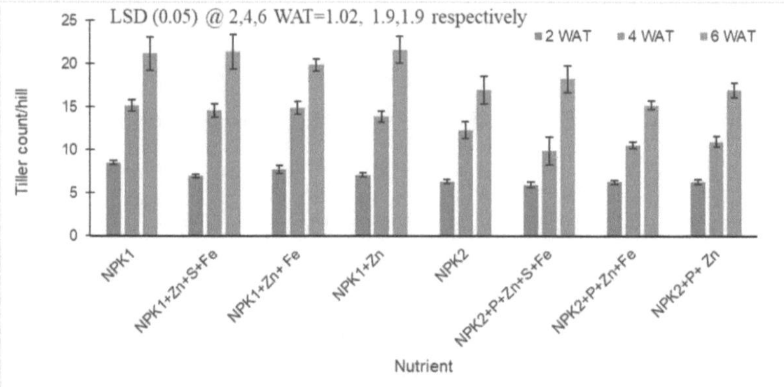

Figura 3. Efeitos dos nutrientes na contagem de perfilhos por colina aos 2, 4 e 6 WAT em Nyankpala sob sequeiro e Botanga sob irrigação. As barras de erro representam SEM.

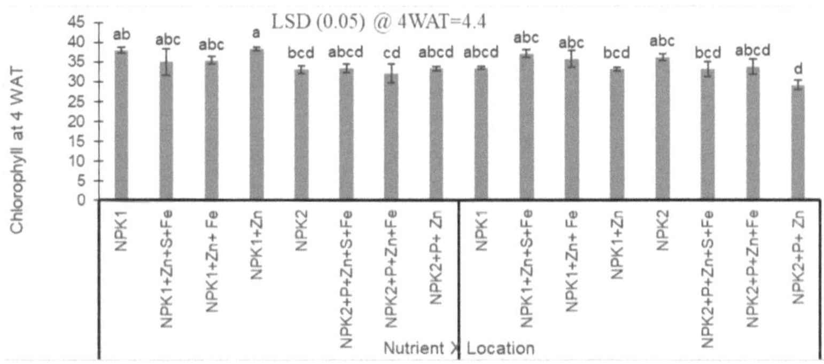

Figura 5. Efeito de interação do teor de clorofila entre localização e nutriente em regime de sequeiro (Nyankpala) e irrigação (Botanga). Barras com letras diferentes são significativamente diferentes a (P<0,05) pelo teste de diferença mínima de significância. As barras de erro representam SEM.

Dias até 50% de floração

A localização por nutriente e nutriente (P>0.05) não teve efeito (P>0.05) nos dias para 50% de floração, mas a localização teve efeitos significativos (P<0.001). Botanga sob irrigação teve melhor desempenho com um resultado de 84,08 dias para 50% de floração do que Nyankpala sob sequeiro com 79,08 (Figura 6).

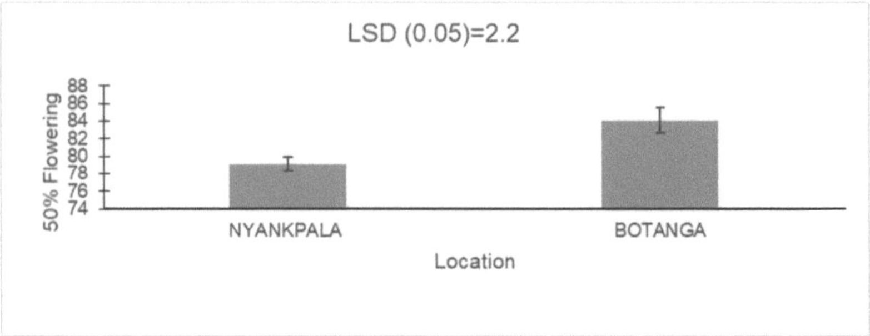

Figura 6. Efeitos de localização em 50% de floração sob irrigação (Botanga) e sequeiro (Nyankpala). Barras de erro representam SEM.

Dias até ao vencimento a 50%

Os resultados da análise de variância mostraram que a localização por nutriente (P>0,05) não afectou significativamente os dias até 50% de maturidade, mas os nutrientes (P<0,05) e a localização (P<0,001) tiveram efeito. NPK2 registou o maior número de dias para 50% de maturidade com um valor de 112.67 mas NPK1 e NPK2+P+Zn+S+Fe deram maturidade semelhante, enquanto NPK1+Zn registou o menor valor de 107.50 dias para 50% de maturidade (Figura 7). Botanga sob irrigação teve um melhor desempenho com 111,29 dias para 50% de maturidade do que Nyankpala sob sequeiro com 106,46 (Figura 8)

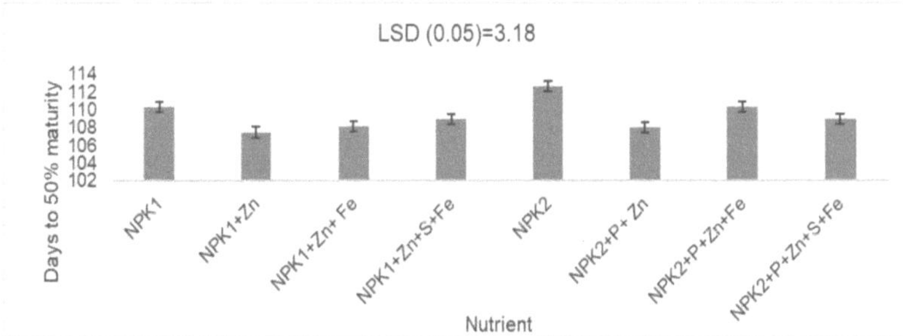

Figura 7. Efeitos dos nutrientes nos dias até 50% de maturação em regime de irrigação (Botanga) e de sequeiro (Nyankpala). Barras de erro representam SEM.

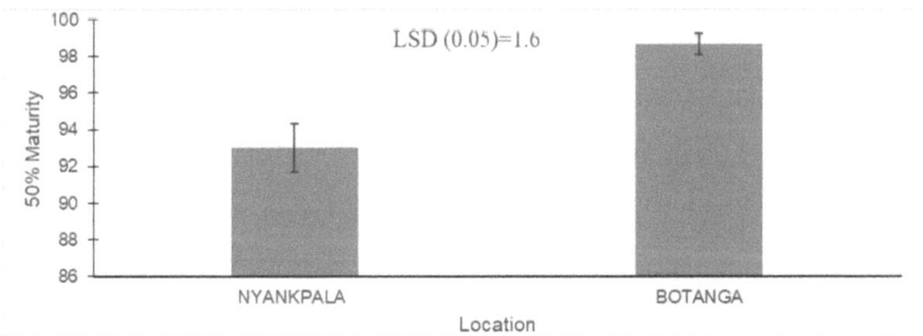

Figura 8. Efeitos da localização nos dias até 50% de maturação em regime de regadio (Botanga) e de sequeiro (Nyankpala). Barras de erro representam SEM.

Número de panículas por planta

A localização por nutriente (P>0.05) e o nutriente (P>0.05) não tiveram efeito no número de panículas por planta mas a localização (P<0.05) registou efeitos. Nyankpala em regime de sequeiro teve um melhor desempenho com 10,03 panículas por planta em comparação com Botanga em regime de rega com 6,40 panículas por planta (Figura 9).

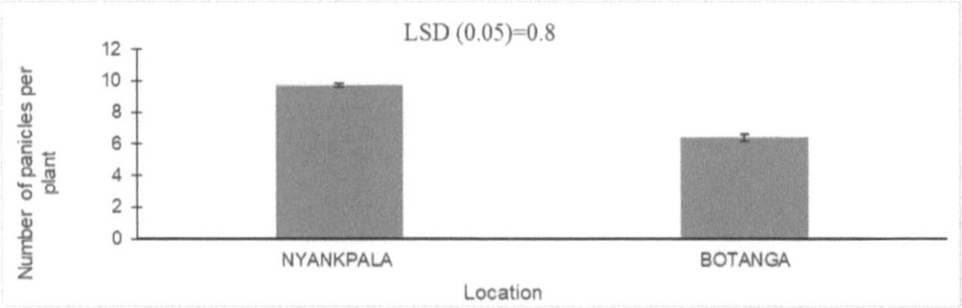

Figura 9. Efeitos da localização no número de panículas por planta em regime de sequeiro (Nyankpala) e de irrigação (Botanga). As barras de erro representam SEM.

Peso da panícula

A localização por nutriente (P>0.05) e nutriente (P>0.05) não teve efeito no peso da panícula, mas o peso da panícula registou efeitos de localização (P<0.001). Botanga sob irrigação registou o maior peso de panícula de 35,98 g em comparação com Nyankpala sob sequeiro com 24,93 g de peso de panícula (Figura 10).

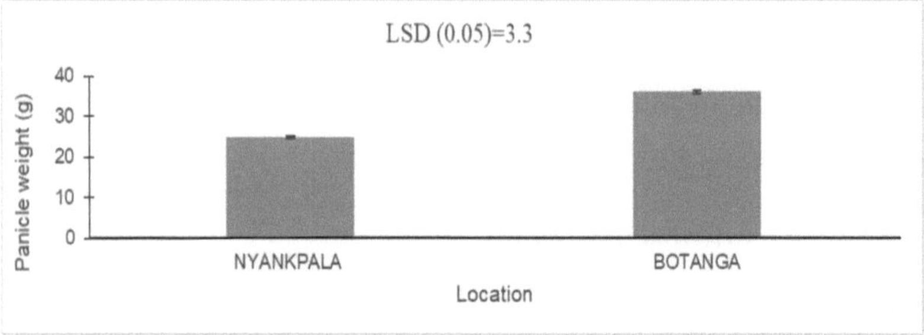

Figura 10. Efeitos da localização no peso da panícula em regime de sequeiro (Nyankpala) e irrigação (Botanga). As barras de erro representam SEM.

Área foliar

Aos 2 DAT, a área foliar mostrou um efeito significativo da localização por nutriente ($P<0,01$); localização ($P<0,001$) e nutriente ($P<0,01$). A localização por nutriente aos 2 DAT revelou que sob sequeiro (Nyankpala), NPK2+P+Zn registou a maior área foliar de 34,26 cm^2, mas NPK1 e NPK2+P+Zn+Fe deram uma área foliar semelhante, enquanto NPK2 registou a menor (Figura 11).

Aos 4 DAT, a localização por nutriente ($P>0,05$) e a localização ($P>0,05$) não tiveram efeito na área foliar, mas os nutrientes registaram efeitos ($P<0,01$). Aos 4 DAT, o NPK2+P+Zn teve a área foliar máxima de 30,87 cm^2, mas o NPK1 e o NPK1+Zn+S+Fe deram uma área foliar semelhante, enquanto o NPK2 teve a área foliar mínima de 26,46 cm^2.

Aos 6 WAT, a área foliar mostrou um efeito significativo da localização por nutriente ($P<0,05$) e localização ($P<0,001$), mas não o efeito do nutriente ($P>0,05$). A localização por nutriente em Nyankpala sob sequeiro revelou que NPK1+Zn+S+Fe registou a maior área foliar de 47.07cm^2 enquanto que NPK2 registou a menor área foliar de 28,20 cm^2, mas Botanga sob irrigação mostrou que NPK2 registou a maior área foliar com 50.11cm^2 enquanto que NPK2+P+Zn+Fe registou a menor área foliar com 44.36 cm^2.

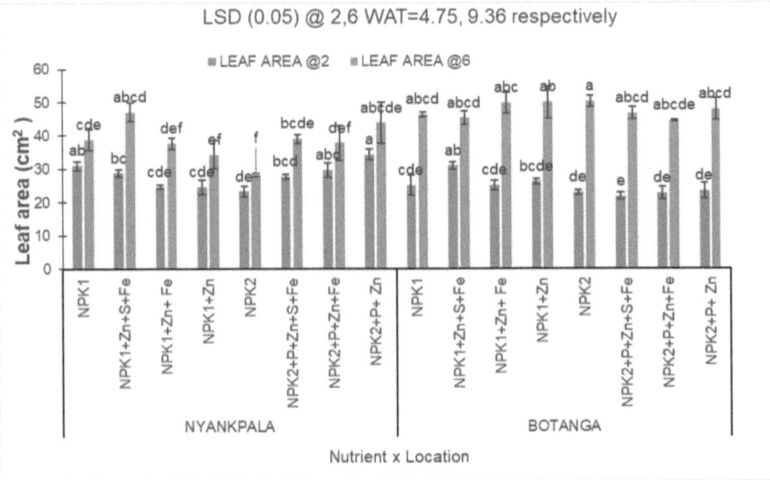

Figura 11. Efeitos de interação na área foliar em regime de regadio (Botanga) e de sequeiro (Nyankpala). As barras representam SEM.

Peso fresco da palha na colheita

O peso fresco da palha na colheita não mostrou efeito significativo na localização por nutriente (P>0,05), mas influenciou o efeito do nutriente (P<0,01) e da localização (P<0,01). O nutriente com melhor desempenho foi o NPK_2 +P+Zn com 8096 kg/ha mas o NPK_1 +Zn, NPK1+Zn+S+Fe e NPK1 deram palha fresca semelhante na colheita, enquanto que o menor foi o NPK2 com 5600 kg/ha (Figura 12). Os efeitos da localização revelaram que Botanga sob irrigação apresentou melhores resultados com 7182 kg/ha em comparação com Nyankpala sob sequeiro com 6155 kg/ha de palha fresca na colheita (Figura 13).

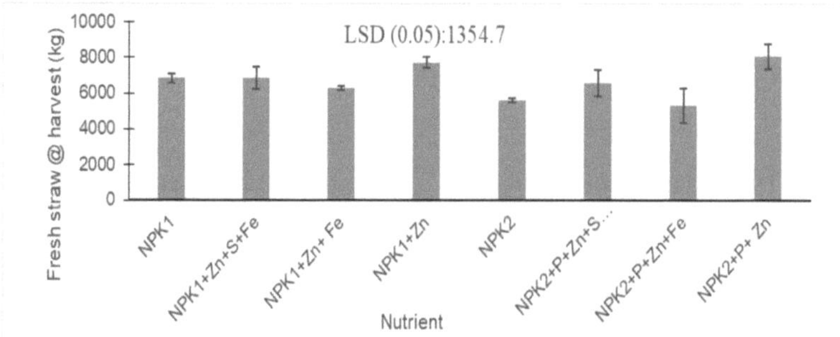

Figura 12. Efeitos dos nutrientes no peso fresco da palha na colheita, tanto em regime de regadio (Botanga) como de sequeiro (Nyankpala). As barras representam SEM.

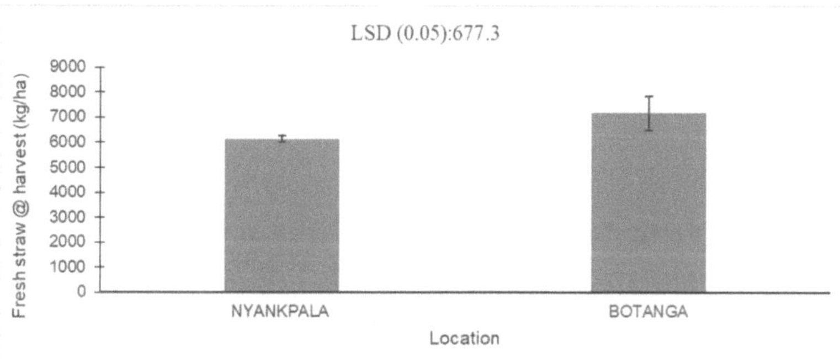

Figura 13. Efeitos da localização no peso fresco da palha na colheita sob sequeiro (Nyankpala) e irrigação (Botanga). As barras de erro representam SEM.

Palha seca na colheita

O peso da palha seca na colheita não mostrou efeito significativo na localização por nutriente (P>0,05), mas a localização (P<0,01) e o nutriente (P<0,001) variaram na palha seca na colheita. NPK2+P+Zn registou a palha seca mais alta na colheita com 5734 kg/ha mas

NPK1+Zn+S+Fe e NPK1+Zn deram palha seca semelhante na colheita enquanto NPK2 registou a palha seca mais baixa na colheita com 3429 kg/ha (Figura 14). Os efeitos de localização revelaram que Botanga (4861 kg/ha) sob irrigação mostrou um melhor resultado em comparação com Nyankpala (4147kg/ha) sob sequeiro (Figura 15).

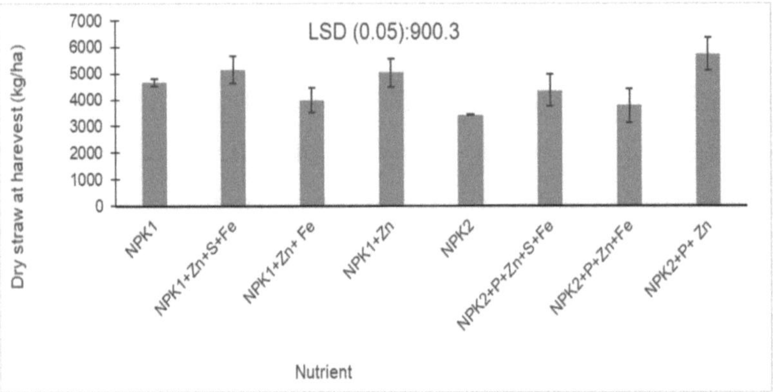

Figura 14. Efeito dos nutrientes na palha seca aquando da colheita, tanto em regime de regadio (Botanga) como de sequeiro (Nyankpala*)*. As barras representam SEM.

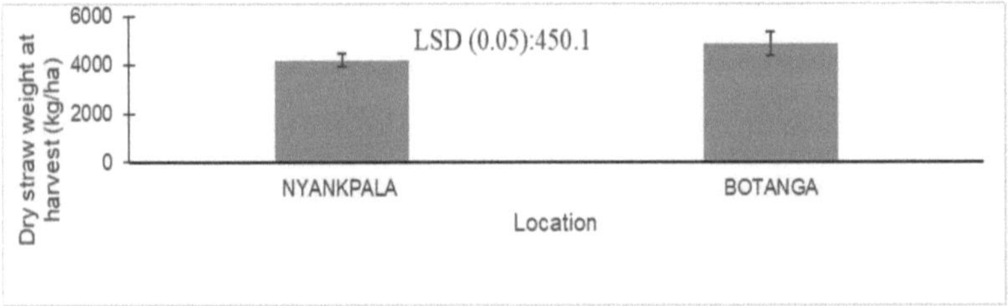

Figura 15. Efeitos da localização na biomassa seca na colheita em regime de sequeiro (Nyankpala) e irrigação (Botanga). As barras de erro representam SEM.

Peso de 1000 sementes

A localização por nutriente (P>0.05) e nutriente (P>0.05) não teve efeito no peso de 1000 sementes, mas a localização (P<0.001) registou efeito. Nyankpala sob sequeiro registou o maior peso de 1000 sementes de 28,31g em comparação com Botanga (25,04 g) sob irrigação (Figura 16).

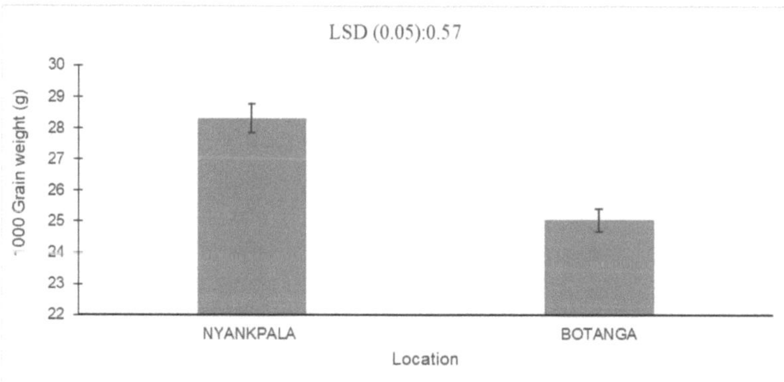

Figura 16. Efeitos da localização no peso de 1000 sementes em regime de sequeiro (Nyankpala) e irrigação (Botanga). As barras de erro representam SEM.

Rendimento do arroz

A produção de arroz não foi influenciada pela localização e pelos nutrientes (P>0,05). A localização (P<0,01) e os nutrientes (P<0,01) afectaram o rendimento do arroz. O maior rendimento foi produzido pelo NPK2+P+Zn (4425 kg/ha), mas semelhante ao NPK1+Zn+S+Fe, enquanto que o NPK2+P+Zn+Fe produziu o menor rendimento de 2600 kg/ha (Figura 17). Botanga sob irrigação registou o maior rendimento de arroz de 3635 kg/ha em comparação com Nyankpala sob chuva de 2965 kg/ha (Figura 22).

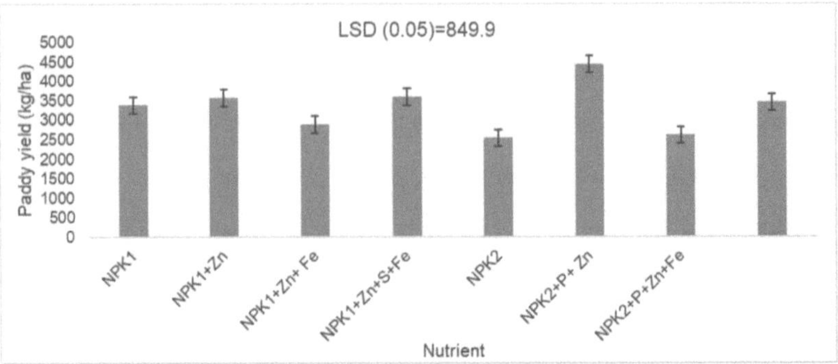

Figura 17. Efeito dos nutrientes no rendimento do arroz em regime de regadio (Botanga) e de sequeiro (Nyankpala). As barras representam SEM.

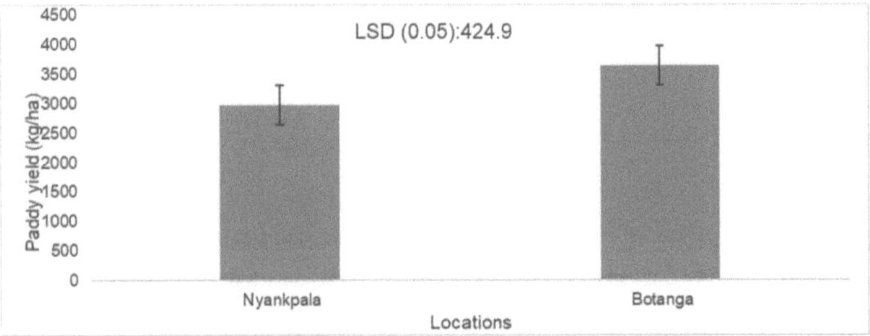

Figura 18. Efeito da localização na produção de arroz em regime de sequeiro e de irrigação. As barras de erro representam SEM

DISCUSSÕES

Efeitos combinados da aplicação foliar de P, S e dos micronutrientes Zn e Fe nos parâmetros de crescimento

Altura da planta

A altura das plantas de arroz é um indicador essencial de crescimento e desenvolvimento. A altura das plantas é o principal fator que contribui para o peso da biomassa da palha de arroz (Ranawake et al., 2014). A influência da aplicação foliar de P, S e micronutrientes de Zn e Fe na altura da planta apresentou diferenças significativas aos 2, 4 e 6 WAT na altura da planta. Aos 6 WAT, a localização por efeito de nutrientes mostrou que NPK1+Zn suportou a maior altura de planta de 68,38 cm em Nyankpala sob condições de sequeiro e, em Botanga NPK1+Zn+S+Fe foi o melhor, mas produzindo resultado semelhante ao de Nyankpala. No entanto, alturas de plantas semelhantes ao máximo foram obtidas em Nyankpala com NPK1+Zn+S+Fe, NPK1+Zn+Fe, NPK1 e NPK2+P+Zn. Botanga sob irrigação, com uma altura de planta de 104,56 cm, teve melhor desempenho do que Nyankpala sob sequeiro, com uma altura de 91,94 cm, aos 8 WAT.

Cakmak & Dell (2018), revelaram que a aplicação foliar de Zn é mais bem sucedida no crescimento das plantas em comparação com as aplicações diretas no solo. Embora o tratamento foliar de Zn seja bom para o crescimento das plantas, a sua eficácia pode ser influenciada por uma série de circunstâncias, como o momento da aplicação é muito importante (Boonchuay et al., 2013). o Fe aplicado foliar causou maiores aumentos na concentração de Fe do arroz. Além disso, o momento da aplicação foliar pode influenciar diferencialmente a concentração de Fe nos grãos. Está bem estabelecido que a aplicação foliar de Fe após a fase de floração aumenta mais nitidamente a concentração de Fe nos grãos (Wei et al., 2012). Um nutriente, o enxofre, pode ter causado um efeito substancial na altura das plantas de arroz. De acordo com (Kumar Singh et al., 2012), durante todas as fases fonológicas, a quantidade de enxofre não era a mesma para cada nível, e aumentava à medida que o crescimento progredia. Uma quantidade suficiente de P é essencial para o bom crescimento das plantas, particularmente durante as fases iniciais do seu desenvolvimento (Amaral et al., 2013). Descobriu-se que a combinação de micronutrientes com macronutrientes aumentou a altura da planta mais do que a aplicação de macronutrientes separadamente (Islam et al., 2018) e isso concorda com o presente estudo.

Contagem de lavradores

O perfilhamento em grãos é influenciado pela nutrição mineral. O perfilhamento determina a arquitetura da planta e o crescimento da copa para a produção primária, capturando a luz incidente. O perfilhamento é uma caraterística morfológica importante nos cereais porque influencia a quantidade de panículas ou espigas produzidas no povoamento final (Opio, 2019).

A influência da aplicação foliar de P, S, e micronutrientes de Zn e Fe na contagem de perfilhos revelou diferenças significativas entre os nutrientes aos 2, 4 e 6 WAT. No 2 WAT, o efeito do nutriente registrou 8,50 perfilhos por colina para o NPK1 sob irrigação e sequeiro. No entanto, a localidade de Nyankpala, que está sob condições de sequeiro, teve um melhor desempenho com 7,37 perfilhos por colina em comparação com 6,40 perfilhos por colina para Botanga sob irrigação. Aos 4 WAT, o efeito dos nutrientes deu a maior contagem de perfilhos de 15,17 perfilhos por colina para NPK1 sob condições de irrigação e de sequeiro, embora NPK1+Zn+Fe, NPK1+Zn+S+Fe e NPK1+Zn tenham dado uma contagem de perfilhos semelhante. Nyankpala sob chuva teve melhor desempenho com 13,26 perfilhos por colina, do que Botanga sob irrigação, com 12,28 perfilhos por colina. O efeito dos nutrientes aos 6 WAT deu NPK1+Zn teve a maior contagem de perfilhos de 21,60 perfilhos por colina, enquanto NPK1+Zn+S+Fe, NPK1, e NPK1+Zn+Fe tiveram contagens de perfilhos semelhantes por colina. Nyankpala em regime de sequeiro teve melhor desempenho em condições de sequeiro, com 19,40 perfilhos por colina, do que Botanga em regime de irrigação, com 18,42 perfilhos por colina, aos 6 WAT.

O número de perfilhos aumentou quando Fe e Zn foram aplicados às folhas. Isto pode ser atribuído à melhoria dos processos fotossintéticos, à produção de clorofila, à síntese de proteínas e à fixação de azoto como resultado da administração de Zn e Fe. Kadam et al. (2018) também descobriram que a aplicação de zinco e ferro no solo aumentou o número de perfilhos. Depois do azoto (N), do fósforo e do potássio, o enxofre (S) está a ser progressivamente reconhecido como o quarto ingrediente formador de proteínas mais importante para o crescimento das plantas (Amaral et al., 2013). Este estudo concorda com (Islam et al., 2018) que postulou que os micronutrientes tiveram uma influência favorável no número de perfilhos e tiveram um impacto positivo na quantidade de perfilhos de arroz.

Teor de clorofila

A taxa fotossintética, que é influenciada pelo teor de clorofila, determina a resposta dos parâmetros de crescimento e rendimento. No presente estudo, os impactos combinados de micronutrientes e macronutrientes resultaram num aumento considerável do teor de clorofila. A localização por nutriente aos 4 WAT em Nyankpala, em regime de sequeiro, revelou que NPK1+Zn registou os valores SPAD mais elevados de 38,35, mas NPK1, NPK1+Zn+Fe, NPK1+Zn+S+Fe, NPK2+P+Zn+S+Fe e NPK2+P+Zn deram valores SPAD semelhantes e em Botanga NPK1+Zn+S+Fe foi o melhor (37,15), mas produzindo resultados semelhantes aos de Nyankpala. O efeito dos nutrientes aos 6 DAT revelou que o NPK1+Zn+S+Fe registou o valor SPAD mais elevado de 41,63, mas o NPK1+Zn+Fe deu um valor SPAD semelhante tanto em condições de irrigação como de sequeiro. O efeito da localização aos 8 WAT revelou que Botanga sob irrigação teve melhor desempenho com valor SPAD de 47,18 em comparação com Nyankpala sob chuva com valor SPAD de A melhoria no conteúdo de clorofila pode ser atribuída à aplicação de Zn devido ao aumento da atividade fotossintética e metabólica, o que pode ter levado a um aumento em várias vias metabólicas da planta responsáveis pela divisão e alongamento celular (Das, 2014). Neste estudo, o teor de clorofila também foi melhorado pelo tratamento com iões, provavelmente porque Das (2014) afirmou que a clorofila é formada com a ajuda de ferros. Nas células vegetais, o ferro é essencial para a produção de clorofila. (Lohry, 2007). Como tal, os resultados deste estudo concordaram com o relatório anterior de que a aplicação de ferro tem um impacto favorável considerável nas métricas das folhas (Kumar et al., 2017).

Dias até 50% de floração

As aplicações foliares de P e S e micronutrientes de Zn e Fe aumentaram os dias para 50% de floração com efeito de localização. Botanga sob irrigação teve melhor desempenho do que Nyankpala sob condições de sequeiro, com 84,08 dias para 50% de floração em comparação com 79,08 para Nyankpala. O zinco aumentou a síntese de auxina, e pensa-se que o ferro desempenha uma função na síntese de moléculas de floração (Nehete et al., 2011). A influência combinada de muitos micronutrientes pode ter desempenhado um papel crítico na melhoria das actividades fisiológicas que levaram ao início precoce da floração (Nehete et al., 2011).

Dias até ao vencimento a 50%

O efeito dos nutrientes suportados pelo NPK2 teve o máximo de dias para 50% de maturidade, com um valor de 112,67, embora o NPK1 e o NPK2+P+Zn+S+Fe tenham tido a mesma maturidade. Botanga sob irrigação levou 111,29 dias para atingir 50% de maturidade, em comparação com 106,46 dias para Nyankpala sob condições de sequeiro. O efeito do zinco e do ferro na síntese de moléculas de floração é o mesmo que aumentar os dias para 50% de maturidade. O fósforo é um nutriente importante que ajuda a estimular a floração precoce e tem bons efeitos no crescimento das plantas (Atakora et al., 2015). Em condições ambientais iguais, os grãos médios demoram normalmente mais cinco a sete dias a atingir a maturidade da colheita do que os grãos longos (Alifah, 2021).

Número de panículas por planta

De acordo com Chauhan et al. (2017), quando o arroz recebe a quantidade ideal de N do fertilizante, metade do N total é absorvido antes de metade de toda a matéria seca ser produzida. Os restantes 30-50% da ingestão total de N ocorrem após o início da iniciação da panícula. A panícula de arroz retém 60-70% do azoto acima do solo quando madura. É fundamental lembrar que o número de panículas por unidade de área é o fator mais importante no rendimento do arroz, sendo responsável por 89% do rendimento dos grãos. (Opio, 2019). O efeito da localização mostrou que Nyankpala em condições de sequeiro produziu 10,03 panículas por planta em comparação com 6,40 panículas por planta em Botanga sob irrigação. Devido à adição de micronutrientes e macronutrientes e à modificação do espaçamento, o número de panículas por planta aumentou significativamente. A aplicação de S e Zn ao arroz demonstrou ter um impacto considerável no número de panículas (Islam et al., 2018). O início da fase de iniciação/enraizamento da panícula produz quase metade da matéria seca total e, como resultado, esta fase é responsável por metade da absorção total de N. Os resultados corroboram as conclusões de Khan et al. (2007), que concluíram que um fornecimento adequado de Zn resulta num aumento do número de panículas das plantas^{-1}

Peso da panícula

O efeito da localização mostrou que Botanga teve o peso máximo de panícula de 35,98 g, em comparação com Nyankpala, em regime de sequeiro, que teve um peso de panícula de 24,93 g. A transição da matéria seca das partes armazenadas para as partes armazenadas pode ser impulsionada pela aplicação foliar de micronutrientes. (Zayed et al., 2011).

Área foliar

Os efeitos da localização por nutriente a 2 WAT em aplicações foliares de P, S, e micronutrientes de Zn e Fe na área foliar revelaram que, sob condições de sequeiro, NPK2+P+Zn teve a área foliar máxima de 34,26 cm^2 , mas NPK1 e NPK2+P+Zn+Fe tiveram áreas foliares semelhantes, enquanto NPK1+Zn+S+Fe teve a área foliar mais alta de 30,96 cm^2 sob irrigação. No entanto, Nyankpala teve um melhor desempenho em condições de sequeiro, com uma área foliar de 27,96 cm^2 , em comparação com Botanga sob irrigação, que teve uma área foliar de 24,75 cm^2 . Aos 4 WAT, o efeito dos nutrientes revelou que o NPK2+P+Zn tinha a maior área foliar de 30,87 cm^2 embora o NPK1 e o NPK1+Zn+S+Fe tivessem áreas foliares iguais. Aos 6 WAT, a localização por nutriente relatou que NPK1+Zn+S+Fe teve a maior área foliar de 47,07cm^2 em condições de sequeiro, enquanto NPK2 teve a maior área foliar de 50,11cm^2 em Botanga em condições de irrigação. No entanto, o efeito da localização mostrou que Botanga teve um melhor desempenho sob irrigação com uma área foliar de 47,46 cm^2 do que Nyankpala sob condições de sequeiro com uma área foliar de 38,29 cm^2

Devido à posição do azoto na estrutura química das clorofilas e de outros micronutrientes como o Zn, parece que a aplicação foliar de Fe desempenha um papel significativo na melhoria da área foliar. Promove a atividade hormonal da planta, o que resulta num aumento da área foliar. Quando comparado com o controlo, o tratamento foliar com micronutrientes parece ter aumentado significativamente o rendimento do arroz e tem um impacto significativo na formação de cachos e na produção de sementes. Estes resultados são consistentes com os de um estudo efectuado por Lahijani et al. (2020).

Peso fresco da palha na colheita

O efeito dos nutrientes mostrou que NPK2+P+Zn teve o maior rendimento de 8096 kg/ha, enquanto que NPK1+Zn, NPK1+Zn+S+Fe, e NPK1 tiveram rendimentos semelhantes de palha fresca na colheita. Os impactos da localização revelaram que Botanga, sob irrigação, produziu 7182 kg/ha de palha fresca na colheita, em comparação com Nyankpala, sob sequeiro, que produziu 6155 kg/ha de palha fresca. A este respeito, foi demonstrado que os micronutrientes podem ser utilizados como uma solução nutricional eficaz para melhorar a produção de arroz e os indicadores de caraterísticas morfológicas (Lahijani et al., 2020).

Sol seco Peso da palha

Os efeitos nutricionais das aplicações foliares de P, S e micronutrientes de Zn e Fe no peso da palha de arroz mostraram que, NPK_1 +Zn+S+Fe teve o peso máximo de palha de 3252 kg/ha, enquanto NPK_2 +P+Zn, NPK_1 +Zn, e NPK_1 tiveram resultados semelhantes. A matéria seca da cultura explica a verdadeira dinâmica de crescimento das culturas arvenses (Haruna, 2019). Esta constatação é semelhante à de (Nesgea et al., 2012), que verificaram que o aumento se deveu a um maior número de perfilhos por metro quadrado e a um comprimento de panícula notavelmente mais longo, segundo os autores.

Peso de 1000 sementes

O efeito da localização relatou que Nyankpala tinha o maior peso de 1000 sementes de 28,31 g em condições de sequeiro, em comparação com Botanga (25,04 g) sob irrigação. Verificou-se que os nutrientes foliares são benéficos para impulsionar o crescimento do arroz e, como resultado, os componentes primários do rendimento, como o peso de 1000 grãos (Zayed et al., 2011). Os resultados mostraram que uma aplicação foliar de micronutrientes essenciais teria uma influência significativa no peso de 1000 grãos de arroz.

Rendimento do arroz

O efeito da aplicação foliar de P, S, e micronutrientes de Zn e Fe demonstrou uma diferença altamente significativa na produção de arroz entre nutrientes e locais. Os resultados do tratamento com micronutrientes revelaram um aumento significativo na produtividade do arroz. NPK2+P+Zn teve a produção máxima de 4425 kg/ha, que foi igual a NPK1+Zn+S+Fe. Em ambas as experiências, os nutrientes foliares com Zn, S e Fe aumentaram os componentes da produção e a produção de grãos de arroz. Botanga teve a produção máxima de arroz de 3635 kg/ha sob irrigação, enquanto Nyankpala teve a produção mais baixa de arroz de 2965 kg/ha sob condições de sequeiro.

Foi demonstrado que a utilização de micronutrientes Zn e Fe em combinação com N, P e K aumenta a absorção de N, P, K, Zn e Fe. Melhorar a nutrição das plantas pode ajudar a aumentar as concentrações de Zn e Fe nos grãos, alterando as quantidades de compostos nitrogenados quelantes de Zn ou Fe necessários para o transporte de Zn e Fe dentro das plantas, resultando em um aumento nos transportadores de Zn e Fe necessários para a absorção pela raiz e carregamento do floema (Maurya et al., 2020). Outra pesquisa descobriu que o tratamento com fósforo para o arroz aumentou a acumulação de P, mas não aumentou consistentemente a produção de arroz devido a inundações, o que reduziu a sorção de P no solo e aumentou a difusão de P (Atakora et al., 2015).

No entanto, os resultados desta experiência mostram que a adição de P ao arroz de terras baixas pode não só aumentar a acumulação de P, mas também aumentar consideravelmente a produção de grãos.

Além disso, as aplicações foliares de micronutrientes demonstraram ser mais bem sucedidas do que as aplicações no solo devido à sua rápida superação de deficiências, conveniência de administração, toxicidade reduzida causada pela acumulação e prevenção da estabilização de elementos no solo (Mousavi, 2011).

Há cada vez mais provas de que a aplicação de fertilizantes de zinco por via foliar ou numa aplicação foliar combinada no solo em circunstâncias de campo é uma estratégia altamente eficaz e prática para aumentar a absorção e acumulação de zinco nas plantas (Mousavi, 2011).

O papel crucial do enxofre na síntese de proteínas e metionina poderia explicar o aumento do rendimento do arroz causado pelo tratamento com enxofre (Lar et al., 2007). O zinco e o ferro têm um impacto substancial nas actividades fundamentais da vida das plantas, como o metabolismo do azoto, a ingestão de azoto, a qualidade das proteínas, a fotossíntese e a síntese de clorofila (Mousavi, 2011). Outros processos incluem a atividade da anidrase carbónica, a resistência a stresses bióticos abióticos e a proteção contra danos oxidativos, de acordo com a investigação profissional sobre plantas (Mousavi, 2011). É relatado que os micronutrientes aplicados isoladamente ou em conjunto com macronutrientes têm um efeito significativo no rendimento das culturas e também está bem estabelecido que a aplicação de Zn aumenta o rendimento do arroz (M. Siddika et al., 2016). Devido ao elevado custo dos fertilizantes que contêm Zn, a sua utilização para combater a sua deficiência é limitada. Entre os vários métodos para aumentar a produtividade das culturas, a pulverização foliar com zinco é um método eficaz. A aplicação foliar de Zn após a floração pode ser eficaz para aumentar o zinco nos grãos de arroz. Conforme relatado anteriormente, a aplicação foliar de Zn, S e Fe aumentou os componentes de rendimento e o rendimento do arroz (Chhabra & Kumar, 2018).

CONCLUSÃO E RECOMENDAÇÕES

Conclusão

O estudo foi uma experiência fatorial de 2 x 8, com um desenho de blocos completos aleatórios com três repetições. Os locais foram Nyankpala e Bontanga, em condições de sequeiro e irrigação, respetivamente, e as formulações de nutrientes incluíram: NPK1, NPK1+Zn+S+Fe, NPK1+Zn+Fe, NPK1+Zn, NPK2, NPK2+P+Zn+S+Fe, NPK2+P+Zn+Fe e NPK2+P+Zn. A variedade de arroz AGRA, que tem um período de maturação de 125 a 130 dias, foi testada em condições de cultivo de arroz de planície irrigado e de sequeiro. Os resultados deste estudo demonstraram que o tratamento foliar dos principais micronutrientes avaliados (Fe e Zinco) aumentou a produção de arroz tanto em campos de sequeiro como de regadio. Os micronutrientes podem ser extremamente importantes, uma vez que um fornecimento adequado pode ajudar a garantir um maior rendimento dos grãos e uma melhor economia de produção. Além disso, a aplicação de micronutrientes em conjunto com macronutrientes poderia melhorar ainda mais o rendimento dos grãos, sendo o nutriente NPK_2 +P+Zn a melhor opção. O nutriente foliar NPK_1 +Zn+S+Fe resultou na maior biomassa da palha, enquanto o NPK_1 +Zn+S+Fe e o NPK_1 +Zn resultaram no maior peso fresco da palha. NPK_1 +Zn+S+Fe, NPK_1 +Zn, NPK_2 +P+Zn, NPK_2 +P+Zn+S+Fe, NPK_1 +Zn+Fe e NPK_2 promoveram a percentagem de germinação, dias até 50% de floração e dias até 50% de maturação, teor de clorofila, biomassa da palha, número de panículas por planta, peso da panícula e área foliar, tanto em locais de rega como de sequeiro, o que apoiou uma resposta mais elevada na produção de arroz.

Os resultados mostraram que o P foliar aumentou o crescimento do arroz e as respostas de rendimento em comparação com o P aplicado no solo; enquanto a ecologia de irrigação melhorou os parâmetros terminais mais do que o plantio de chuva. Embora esta última tenha aumentado o crescimento, provavelmente devido à inundação inicial no local de irrigação. O rendimento do arroz aumentou com a aplicação de S e micronutrientes Zn e Fe, enquanto que a aplicação foliar de P compensou a aplicação mais baixa de P no solo. O rendimento dos grãos foi melhorado pela combinação de micro e macronutrientes. A taxa de aplicação foliar foi considerada o melhor tratamento nos seguintes parâmetros estudados nas experiências de irrigação e de sequeiro; melhor desempenho na altura das plantas e na contagem de perfilhos; biomassa da palha e rendimento de grãos.

RECOMENDAÇÕES

Em geral, nas ecologias de sequeiro e de regadio, as respostas mais elevadas na produção de arroz seriam melhor apoiadas por quatro tratamentos: NPK_2 +P+Zn, NPK_1 +Zn+S+Fe, NPK_1 +Zn, e NPK_1 +Zn+Fe. Como tal, os agricultores poderiam melhorar a produção de arroz com a inclusão da aplicação foliar de Zn, S e Fe no seu programa de fertilização.

Os agricultores que praticam a irrigação devem assegurar um sistema de drenagem adequado para evitar o escoamento das explorações nas fases incorrectas de crescimento do arroz.

Uma vez que o estudo foi efectuado numa estação, recomenda-se que a experiência seja repetida em regime de sequeiro e de irrigação para confirmar os resultados do estudo.

Deve ser efectuada investigação para examinar os efeitos das aplicações foliares de outros micro e macro nutrientes no desempenho do arroz.

Referências

Alifah, U. (2021). VARIEDADES DE ARROZ E DICAS DE GESTÃO. *RICE VARIETIES & MANAGEMENT TIPS*, *3*(2), 6.

Alloway, B. J. (2008). Micronutrient deficiencies in global crop production (Deficiências de micronutrientes na produção agrícola mundial). Em *Micronutrient Deficiencies in Global Crop Production.* https://doi.org/10.1007/978-1-4020-6860-7

Amaral, G., Bushee, J., Cordani, U. G., Kawashita, K., Reynolds, J. H., ALMEIDA, F. F. M. D. E., de Almeida, F. F. M., Hasui, Y., de Brito Neves, B. B., Fuck, R. A., Oldenzaal, Z., Guida, A., Tchalenko, J. S., Peacock, D. C. P., Sanderson, D. J., Rotevatn, A., Nixon, C. W., Rotevatn, A., Sanderson, D. J., ... junho, M. do C. B. (2013). GESTÃO DO FÓSFORO NA PRODUÇÃO VEGETAL. In *Journal of Petrology* (Vol. 369, Issue 1). https://doi.org/10.1017/CBO9781107415324.004

Atakora, W. K., Fosu, M., Abebrese, S. O., Asante, M., & Wissuwa, M. (2015). Avaliação da tolerância ao baixo fósforo de variedades de arroz no norte do Gana. *Pesquisa em Agricultura Sustentável*, *4*(4), 109. https://doi.org/10.5539/sar.v4n4p109

Basuchaudhuri, P. (2016). Metabolismo do azoto no arroz. Em *Nitrogen Metabolism in Rice.* https://doi.org/10.1201/b19974

Boonchuay, P., Cakmak, I., Rerkasem, B., Boonchuay, P., Cakmak, I., & Rerkasem, B. (2013). *Soil Science and Plant Nutrition Effect of different foliar zinc application at different growth stages on seed zinc concentration and its impact on seedling vigor in rice Effect of different foliar zinc application at different growth stages on seed zinc. 0768.* https://doi.org/10.1080/00380768.2013.763382

Cakmak, I., & Dell, B. (2018). *Efeitos da aplicação foliar de zinco no rendimento de grãos e na concentração de zinco do arroz nos campos dos agricultores Efeitos da aplicação foliar de zinco no rendimento de grãos e na concentração de zinco do arroz nos campos dos agricultores. July.* https://doi.org/10.12982/CMUJNS.2018.0013

Chauhan, B. S., Jabran, K., & Mahajan, G. (2017). Produção de arroz no mundo. In *Rice Production Worldwide* (Edição de fevereiro). https://doi.org/10.1007/978-3-319-47516-5

Chhabra, V., & Kumar, R. (2018). Papel da aplicação de zinco no crescimento e rendimento do arroz. *Arquivos de Plantas*, *18*(2), 1382-1384.

Das, S. K. (2014). Papel do micronutriente no cultivo de arroz e estratégia de gestão na agricultura orgânica - uma reavaliação. *Ciências Agrárias*, *05*(09), 765-769. https://doi.org/10.4236/as.2014.59080

Dauda, R. S. A. (2015). *EFEITO DA APLICAÇÃO DIVIDIDA DE NITROGÉNIO NA EFICIÊNCIA DE USO E RENDIMENTO DO ARROZ (Oryza sativa) SOB IRRIGAÇÃO E ALIMENTAÇÃO POR CHUVA* [UNIVERSIDADE PARA ESTUDOS DE DESENVOLVIMENTO]. www.udsspace.udsa.edu.gh

Djomo, S. H., Mbong, G. A., Malla, D. K., & Suh, C. (2017). Effect of different doses of NPK fertilizer on the growth and yield of rice in Ndop, North West of Cameroon. *African Journal of Agricultural Research*, *12*(15), 1244–1252. https://doi.org/10.5897/ajar2017.12127

Fageria, N. K., & Stone, L. F. (2008). Micronutrient deficiency problems in South America. *Micronutrient Deficiencies in Global Crop Production*, 245–266. https://doi.org/10.1007/978-1-4020-6860-7_10

FAO. (2019). OCDE/FAO (2019), OECD-FAO Agricultural Outlook 2019-2028, OECD Publishing, Paris/Organização das Nações Unidas para a Alimentação e a Agricultura, Roma. https://doi.org/10.1787/agr_outlook-2019-en%0AISBN

Garai, S., Chandra, B., Viswavidyalaya, K., Mondal, M., Chandra, B., & Viswavidyalaya, K. (2019). *Efeito da fertilização com Zn no arroz 1. Importância do Zn nas plantas e no corpo humano. março.* https://www.researchgate.net/publication/332107563

Haruna, Y. A. (2019). *EFEITOS DOS FERTILIZANTES DE YARA NO DESEMPENHO DO ARROZ (Oryza sativa L) COMO INFUENCIADO PELA TEMPORADA DE APLICAÇÃO DE NPK NA ZONA GUINÉ SAVANNAH DO GANA* [UNIVERSIDADE PARA ESTUDOS DE DESENVOLVIMENTO]. www.udsspace.uds.edu.gh%0A

Holdings, K. M. (2012). *Global.*

Islam, M. D., Miah, M. Y., Kamal, M. Z. U., & Farhana, N. (2018). Efeitos do micronutriente e do espaçamento no crescimento e no teor de clorofila do arroz. *Revista Internacional de Meio Ambiente, Agricultura e Biotecnologia*, *3*(5), 1765-1771. https://doi.org/10.22161/ijeab/3.5.26

Johnson, S. E., Lauren, J. G., Welch, R. M., & Duxbury, J. M. (2005). A comparison of the effects of micronutrient seed priming and soil fertilization on the mineral nutrition of chickpea (Cicer arietinum), lentil (Lens culinaris), rice (Oryza sativa) and wheat (Triticum aestivum) in Nepal. *Experimental Agriculture*, *41*(4), 427-448. https://doi.org/10.1017/S0014479705002851

Kadam, S. R., Bhale, V. M., Kubade, K. J., & Deshmukh, M. R. (2018). *Efeito da fortificação com zinco e ferro nos estágios de crescimento e desenvolvimento das cultivares de arroz irrigado de terras altas (Oryza sativa L.).* *7*(01), 1950-1958.

Khan, M. U., Qasim, M., & Khan, I. (2007). Effectg of Zn fertilizer on rice grown in differenet soils of Dera Ismail Khan. *Sarhad Journal of Agriculture*, *23*(4), 1033-1039.

Kumar, A., Sen, A., Upadhyay, P. K., & Singh, R. K. (2017). Efeito dos níveis de zinco, ferro e manganês na qualidade, conteúdo de micro e macro nutrientes do arroz e sua relação com o rendimento. *Comunicações em Ciência do Solo e Análise de Plantas.* https://doi.org/10.1080/00103624.2017.1373799Kumar, D., Dhaliwal, S. S., Uppal, R. S., Naresh, R. K., & Kataria, Y. (2018). Chemical Science Review and Letters Efeito da aplicação de N, Zn e Fe no conteúdo de N, P, K e absorção total em arroz parmal (Oryza sativa L.). *Chem Sci Rev Lett*, *7*(27), 768-773.

Kumar Singh, A., M., Meena, M. K., & Upadhyaya, A. (2012). Efeito do enxofre e do zinco no desempenho do arroz e na dinâmica dos nutrientes nas plantas e no solo das planícies Indo-Gangéticas. *Journal of Agricultural Science*, *4*(11). https://doi.org/10.5539/jas.v4n11p162

Lahijani, A. D., Mosavi, A. A., & Moballeghi, M. (2020). *Efeitos da aplicação foliar de micronutrientes em caraterísticas morfológicas, rendimento e componentes de rendimento do arroz (Oryza Sativa L. cv. Shiroodi).* *13*(1), 217–223. https://doi.org/10.25165/j.ijabe.20201301.5272

Lar, N. M., Shivay, Y. S., & Kumar, D. (2007). Efeito da fertilização com azoto e enxofre nos atributos de rendimento, produtividade e absorção de nutrientes do arroz aromático (Oryza sativa). *Indian Journal of Agricultural Sciences*, *77*(11), 772-775.

Lohry, R. (2007). Micronutrientes: Funções, fontes e métodos de aplicação. *Actas da Conferência do CCA de Indiana*, *Cl*, 15.

Martey, E., Wiredu, A. N., Etwire, P. M., Fosu, M., Buah, S. S. J., Bidzakin, J., Ahiabor, B. D. K., & Kusi, F. (2013). Adoção de fertilizantes e intensidade de uso entre pequenos agricultores no norte do Gana: Um estudo de caso do Projeto AGRA Soil Health. *Pesquisa em Agricultura Sustentável*, *3*(1), 24. https://doi.org/10.5539/sar.v3n1p24

Maurya, S. K., Patel, S., Singh, V., Pandey, O.., & Singh, R. (2020). Efeito da interação de Zn e S nas propriedades do solo e no rendimento do arroz (Oryza sativa L). *Revista Internacional de Publicações Científicas e de Investigação (IJSRP)*, *10*(05), 342-348. https://doi.org/10.29322/ijsrp.10.05.2020.p10140

MOFA. (2009). *Ministério da Alimentação e Agricultura. Estratégia Nacional de Desenvolvimento do Arroz (Nrds) (Projeto). fevereiro*, 1-25.

Mousavi, S. R. (2011). *Zinco na produção de culturas e interação com o fósforo*. *5*(9), 1503-1509.

Nehete, D. S., Padhiar, B. V, Shah, N. I., Bhalerao, P. P., Kolambe, B. N., & Bhalerao, R. R. (2011). Influência da pulverização de micronutrientes na floração, rendimento, qualidade e teor de nutrientes na folha da manga cv. KESAR. *Asian Journal of Horticulture*, *6*(1), 63-67.

Nesgea, S., Gebrekidan, H., Sharma, J. J., Berhe, T., & Ababa, A. (2012). *Efeitos das fontes de nitrogênio e sua aplicação dividida em algumas propriedades do solo e conteúdo de nitrogênio e enxofre do tecido do arroz em*. *2*(9), 45-59.

Obeng-Ofori, N. (2015). *ESTIMATIVA DE PERDAS QUANTITATIVAS DE ARROZ (ORYZAE SATIVA L.) DURANTE A COLHEITA, A TRITURAÇÃO E A LIMPEZA NA REGIÃO SUPERIOR DO ORIENTE: UM ESTUDO DE CASO NO PROJECTO DE IRRIGAÇÃO DE TONO* [Universidade do Gana]. https://doi.org/10.1377/hlthaff.2013.0625

Ofori, E., Tsiboe, F., & Xia, T. (2020). *Substituibilidade do arroz importado e local no Gana*. *February*. https://doi.org/10.13140/RG.2.2.18858.36809

Opio, P. (2019). *Produtividade e sobrevivência do rebento como determinantes do rendimento de grãos para selecionados* (Edição de agosto de 2018). MAKERERE UNIVERSITY KAMPALA.

Ranawake, A., Amarasinghe, U., Hewage, M., & Pradeepika, N. (2014). Efeito dos dias para a floração na altura da planta e no rendimento do arroz (Oryza sativa L.). *International Journal of Plant & Soil Science*, *3*(9), 1143-1152. https://doi.org/10.9734/ijpss/2014/11421

Roy, R., Finck, a, Blair, G., & Tandon, H. (2006). Diretrizes de gestão de nutrientes para algumas das principais culturas arvenses. *Plant Nutrition for Food Security*, 235-348.

Sakariyawo, O. S., Oyedeji, O. E., & Soretire, A. A. (2020). Efeito da deficiência de ferro no crescimento, desenvolvimento e rendimento de grãos de alguns genótipos selecionados de arroz de terras altas na floresta tropical. *Journal of Plant Nutrition*, *0*(0), 1-13. https://doi.org/10.1080/01904167.2020.1711936

Siddika, M. A., Mian, J. A., & Hoque, T. S. (2016). *Efeito de diferentes micronutrientes no crescimento e rendimento do arroz Efeito de diferentes micronutrientes no crescimento e rendimento do arroz. September.* https://doi.org/10.9734/IJPSS/2016/28707

Siddika, M., Mian, M., Hoque, T., Hanif, M., & Ray, P. (2016). Efeito de diferentes micronutrientes no crescimento e rendimento do arroz. *International Journal of Plant & Soil Science*, *12*(6), 1-8. https://doi.org/10.9734/ijpss/2016/28707

Smith, C. W. (2003). *Rice: Origin, History, Technology, and Production* (C. W. Smith & H. R. Dilday (eds.)). John Wiley & Sons, Inc.

Sriramachandrasekharan, M. V. (2012). *Efeito do zinco no rendimento, nutrição de zinco e eficiência de uso de zinco do arroz de terras baixas*. *8*(2), 551-561.

Tendeku, D. K., Akudugu, M. A., & Dittoh, J. S. (2017). INFORMAÇÕES SOBRE O ARTIGO Histórico do artigo: Recebido: *Revista Internacional de Irrigação e Desenvolvimento Agrícola*, *1*(1), 44-53

Vandamme, E., Saito, K., Vandamme, E., Johnson, J., Tanaka, A., Jasper, G., Ablede, K., Ayeva, T., & Nanfumba, D. (2018). *Macronutrientes limitantes do rendimento do arroz na África subsaariana Geoderma Macronutrientes limitantes do rendimento do arroz na África subsaariana. dezembro.* https://doi.org/10.1016/j.geoderma.2018.11.036

Walker, C. F., Kordas, K., Stoltzfus, R. J., & Black, R. E. (2005). Interactive effects of iron and zinc on biochemical and functional outcomes in supplementation trials (Efeitos interactivos do ferro e do zinco nos resultados bioquímicos e funcionais em ensaios de suplementação). *American Journal of Clinical Nutrition*, *82*(1), 5-12. https://doi.org/10.1093/ajcn/82.1.5

Wei, Y., Shohag, M. J. I., Yang, X., & Zhang, Y. (2012). *Efeitos da aplicação foliar de ferro na concentração de ferro em grãos de arroz polido e sua biodisponibilidade. October.* https://doi.org/10.1021/jf3036462

Wissuwa, M., Ismail, A. M., & Yanagihara, S. (2006). Efeitos da deficiência de zinco no crescimento do arroz e factores genéticos que contribuem para a tolerância. *Plant Physiology*, *142*(2), 731-741. https://doi.org/10.1104/pp.106.08522Yakubu, A. (2016). *AUMENTO DA PRODUTIVIDADE HÍDRICA DO ARROZ IRRIGADO ATRAVÉS DA VARIAÇÃO* [Universidade do Gana]. http://ugspace.ug.edu.gh

Yuan, L., Wu, L., & Lv, Q. (2013). *Efeitos das aplicações foliares de ferro e zinco em plantas de arroz e sua acumulação de grãos. junho de 2012*, 254-261. https://doi.org/10.1002/jsfa.5749

Zayed, B. A., Salem, A. K. M., & El Sharkawy, H. M. (2011). Efeito de diferentes tratamentos com micronutrientes no crescimento e rendimento do arroz (Oriza sativa L.) em condições de solo salino. *Revista Mundial de Ciências Agrícolas*, *7*(2), 179-184.

Índice

RESUMO ... 1

Antecedentes ... 3

MÉTODO E MATERIAIS ... 5

Práticas culturais ... 8

Resultados ... 9

Contagem de lavradores ... 11

Área da folha ... 17

DISCUSSÕES ... 23

CONCLUSÃO E RECOMENDAÇÕES ... 34

Referências ... 37

MIX
Papier aus verantwortungsvollen Quellen
Paper from responsible sources
FSC® C105338

Printed by Books on Demand GmbH, Norderstedt / Germany